BEI GRIN MACHT SICH IHR WISSEN BEZAHLT

- Wir veröffentlichen Ihre Hausarbeit, Bachelor- und Masterarbeit

- Ihr eigenes eBook und Buch - weltweit in allen wichtigen Shops

- Verdienen Sie an jedem Verkauf

Jetzt bei www.GRIN.com hochladen und kostenlos publizieren

Christoph Rölke

Ockererde als Stoffbarriere einer mitteldeutschen Kleinlandschaft

GRIN Verlag

Bibliografische Information der Deutschen Nationalbibliothek:

Die Deutsche Bibliothek verzeichnet diese Publikation in der Deutschen National-
bibliografie; detaillierte bibliografische Daten sind im Internet über http://dnb.d-
nb.de/ abrufbar.

Dieses Werk sowie alle darin enthaltenen einzelnen Beiträge und Abbildungen
sind urheberrechtlich geschützt. Jede Verwertung, die nicht ausdrücklich vom
Urheberrechtsschutz zugelassen ist, bedarf der vorherigen Zustimmung des Verla-
ges. Das gilt insbesondere für Vervielfältigungen, Bearbeitungen, Übersetzungen,
Mikroverfilmungen, Auswertungen durch Datenbanken und für die Einspeicherung
und Verarbeitung in elektronische Systeme. Alle Rechte, auch die des auszugsweisen
Nachdrucks, der fotomechanischen Wiedergabe (einschließlich Mikrokopie) sowie
der Auswertung durch Datenbanken oder ähnliche Einrichtungen, vorbehalten.

Impressum:

Copyright © 2012 GRIN Verlag GmbH
Druck und Bindung: Books on Demand GmbH, Norderstedt Germany
ISBN: 978-3-656-27355-4

Dieses Buch bei GRIN:

http://www.grin.com/de/e-book/201046/ockererde-als-stoffbarriere-einer-mittel-
deutschen-kleinlandschaft

GRIN - Your knowledge has value

Der GRIN Verlag publiziert seit 1998 wissenschaftliche Arbeiten von Studenten, Hochschullehrern und anderen Akademikern als eBook und gedrucktes Buch. Die Verlagswebsite www.grin.com ist die ideale Plattform zur Veröffentlichung von Hausarbeiten, Abschlussarbeiten, wissenschaftlichen Aufsätzen, Dissertationen und Fachbüchern.

Besuchen Sie uns im Internet:

http://www.grin.com/

http://www.facebook.com/grincom

http://www.twitter.com/grin_com

FRIEDRICH SCHILLER UNIVERSITÄT JENA
INSTITUT FÜR GEOGRAPHIE
LEHRSTUHL FÜR BODENKUNDE
SEMINAR: PHYSISCHE GEOGRAPHIE I
IM SS 2012

Ockererde

als Stoffbarriere einer mitteldeutschen Kleinlandschaft

vorgelegt von:

Christoph Rölke

Semester: 6/4

Abgabedatum:
31.05.2012

Inhalt

1. Einleitung

Die folgende Abhandlung wird sich mit der Bodentypisierung und Bodenklassifizierung der Ockererde auseinandersetzen und diese Klassifikation am Beispiel der Böden Mitteldeutschlandes anwenden. Ockererden sind in der deutschen Bodensystematik nicht vertreten. Sie unterscheiden sich jedoch sowohl von Oxi- oder Hanggleyen, zu denen sie ungenauer Weise gezählt werden, als auch von anderen semiterrestrischen oder terrestrischen Böden hinsichtlich ihrer Pedogenese, wodurch eine Klassifikation als eigener Bodentyp gerechtfertigt wird. Es wird im Folgenden der Vorschlag vorgestellt, welcher die Ockererde als einen neuen von Lockererden abzugrenzenden Subtyp der Braunerden in die deutsche Bodensystematik einführt. Hierbei werden die wesentlichen Merkmale der Ockererden anhand der bodenbildenden Prozesse herausgearbeitet und mit anderen semiterrestrischen und terrestrischen Böden verglichen, um damit die Notwendigkeit der Abgrenzung und damit der Eigenständigkeit in der Bodensystematik zu verdeutlichen. Die gewonnenen Erkenntnisse zur Bodengenese werden anschließend in einer schematischen Darstellung und Erläuterung der Bodenhorizonte zusammengefasst. Die Klassifikation der Ockererde wird abschließend auf das regionale Fallbeispiel des Bodensystems Mitteldeutschland transferiert. Die Ockererde wird dabei in die Catena eines Mittelgebirgsausschnittes als Stoffbarriere eingeordnet.

2. Vorkommen

Die Ockererden entstehen im Bereich von Schuttdecken unterschiedlicher Ausgangsgesteine, wie zum Beispiel Bundsandstein, Bärhaldegranit oder Gneis, mit schwach wasserdurchlässigen Schichten, welche sich Richtung Unterhand undurchlässiger gestalten. Ockererden sind stofflich sowohl mit Braunerden als auch mit Hanggleyen vergesellschaftet, sodass ihre Vorkommen in Hanglagen mit ca. 5% Hangneigung unterhalb von Braunerdestandorten zu suchen sind. Ockererden treten in kühl humiden Klimaten auf. Zusammengefasst lässt sich festhalten, dass Ockererdeböden in Bereichen humider Mittelgebirge mit leicht abschüssiger Hanglage lokalisierbar sind. Konkrete Beispiele für großräumige Vorkommen sind aufgrund der speziellen Standortmerkmale eher selten. Sie beschränken sich auf Fundorte im Vogtland, dem Teutoburger Wald, der Luberon und dem flächenmäßig größten Gebiet des mittleren Schwarzwaldes. Diese Seltenheit könnte als möglicher Grund gelten, warum den Ockererden bisher eine zu geringe Aufmerksamkeit, unter anderem in der deutschen Bodensystematik, zugesprochen wurde.[1]

3. Klassifikation

3.1. Pedogenese

Im Folgenden werden die vorherrschenden bodenbildenden Prozesse anhand der stofflichen Merkmale dargestellt. Ockererden weisen eine rot bis rotbraune Färbung im oberen Unterboden auf. Dies weist auf eine Anreicherung mit Eisen(III)-oxiden hin. Die Entstehung solcher Eisen-Humus Komplexe ist mit dem pedogenetischen Prozess der Redoximorphie zu erklären. Diesen Prozess gilt es im Folgenden zu klären.

Redoximorphie tritt ursprünglich in Grund- und Stauwasserböden auf, welche in der Gesamtheit als hydromorphe Böden bezeichnet werden. Je nach Grund oder Stau- oder Grundwassereinfluss kommt es zur Vergleyung oder Pseudovergleyung. Da Ockererdeböden nicht in Grundwasserbereichen liegen, die für eine Vergleyung nötig sind wird im Weiteren ausschließlich auf den Prozess der Pseudovergleyung eingegangen. Zur Pseudovergleyung kommt es in Staunässegebieten, in welchen in der frühjährlichen Nässephase anaerobe Bedingungen herrschen. Während dieser Nassphase kommt es aufgrund des Sauerstoffmangels zu Reduktionsprozessen, die sich im Verbrauch der Wasserstoff -Ionen und damit in einem Anstieg des ph-Wertes äußern.[2]

$$CH_2O + 4Fe(OH)_3 + 7H^+ \rightarrow 4Fe^{2+} + HCO_3^- + 10H_2O$$

Es kommt somit zu Ausbildung reduzierten Eisens. Dieses zweiwertige Eisen ist mobil und kann somit transportiert werden. Während der Trockenphase hingegen schwindet die Staunässe und die Poren des Oberbodens füllen sich mit Sauerstoff, sodass

---

[1] Vgl. Jahn, Reinhold, Fiedller, Sabine, Zur systematischen Einordnung und Abgrenzung von „Ockererden", in: Mitteilung Deutsche Bodenkundliche Gesellschaft 96, S. 509f..
[2] Vgl. Fiedler, Hans-Joachim, Böden und Bodenfunktionen, Renningen 2001, S. 170-172.

oxidative Voraussetzungen vorliegen unter denen zweiwertiges Eisen mit Sauerstoff reagiert und dreiwertiges Eisen ausgefällt wird. Belegbar ist dies durch einen Ph-Wertanstieg.[3]

$$4Fe^{2+} + O^2 + 10H_2O \rightarrow 4\ Fe(OH)^3 + 8H^+$$

Dieses oxidierte Eisen ist immobil. Es tritt in Sauerstoffverbindungen unter anderem als Hämatit (Fe2O3) oder Goethit (α-Fe3+O(OH)) auf. Hämatit ist ein rotes Mineral und Goethit ein gelblich braunes Mineral, sodass es in den Ausfällungsbereichen zu einer rotbraunen Färbung des Bodens kommt oder die Minerale als rote Mineralkonkretion bzw. Rostfleckung vorliegen. Die Ausprägung rotbraunen Eisen –Humus Komplexe ist somit kennzeichnend für Pseudovergleyung und damit Redoximorphie. Ockererdeböden sind somit rein nach der stofflichen Zusammensetzung als pseudovergleyt zu bezeichnen.[4]

In Ockererden herrschen jedoch ganzjährig oxidative Bedingungen, sodass der Reduktionsprozess entfällt und kein zweiwertiges Eisen, welches zur anschließenden Oxidation nötig ist, angereichert wird. Daher stellt sich die Frage, wie es trotzdem zur Oxidation kommen kann? Die Antwort ist in der Lage Hanglage der Ockererden zu suchen. Wie bereits bekannt, liegen die Vorkommen der Ockererde in gemäßigten Hanglagen unterhalb von Braunerden und Pseudogleyen. Diese Böden liefern durch Auswaschung Elemente, vor allem reduziertes Eisen, die mittels Wasserabfluss zu den niedergelegenen Ockererden transportiert werden.[5] Durch den geringen Kohlenstoffgehalt, die lockere Lagerung und den geringen Grundwasserspiegel herrschen in Ockererden oxidative Bedingungen, sodass das ausgespülte reduzierte Eisen aus höheren Gebieten oxidiert und damit immobilisiert wird. Dieser für Ockererden kennzeichnende Prozess der absoluten Elementeanreicherung aus anderen Böden wird als laterale Stoffzufuhr bezeichnet. Daraus wird ersichtlich, dass Ockererden zwar stofflich als pseudovergleyt erscheinen, aber ihrer Pedogenese nach als eigenständig zu betrachten sind.

---

[3] Vgl. Fiedler, Böden, Renningen 2001, S. 170-172.
[4] Vgl. ebd., S.170-172.
[5] Vgl. <http://www.bodenkunde.uni-freiburg.de/veroeffentlichungen/inhalt_23> am 26.05.2012.

Ockererden weißen zudem stoffliche Merkmale der Braunerde auf. Diese stofflichen Eigenheiten sind durch die für Braunerden charakteristischen Prozesse Verbraunung und der damit oft einhergehenden Verlehmung herzuleiten. Es werden daher im Folgenden die bodenbildenden Prozesse Verbraunung und Verlehmung erläutert.

Durch die Verwitterung eisen(II)haltiger Silikate wie Biotite, Augitite und Hornblende wird Eisen freigesetzt. Dieser Prozess beschleunigt sich, wenn der ph-Wert in Folge einer vorausgegangenen Entkalkung des Bodens unter 7 absinkt. Besonders in kühlen humiden Gebieten führt dies zu Ausbildung von Eisenoxiden vor allem Goethit.[6] Dieses immobile Goethit bewirkt eine durchgehend braune Färbung der verbraunten Horizonte. Braunerden weisen eine starke Tonmineralneubildung auf, da die silikatischen Minerale teilweise so stark verwittert werden, dass neue Tonminerale freigesetzt werden. Diese Tonmineralneubildung bewirkt, dass die Böden lehmiger werden und damit der Prozess als Verlehmung bezeichnet wird.

Zusammengefasst weisen Ockererden stofflich sowohl Merkmale von Stauwasserböden, als auch von Braunerden auf. Daraus lässt sich schließen, dass in Ockererden die pedogenetischen Prozesse Verbraunung bzw. Verlehmung und Pseudovergleyung gleichermaßen vorherrschen. Jedoch beziehen Ockererden ihre Elemente aus anderen reduktiven Gebieten, sodass der Prozess der lateralen Stoffzufuhr zum entscheidenden Charakteristikum wird. Durch diese laterale Stoffzufuhr und die Oxidationsfreudigkeit wirken Ockererden als Stoffbarrieren der Landschaft.

<u>Abgrenzung zu Pseudogleyen und Lockerbraunerden</u>

Ockererden weisen, wie bereits ausgeführt, stoffliche Merkmale auf, die auf Redoximorphose hinweisen. Da dieser Prozess, sowohl in semiterrestrischen Böden, als auch in terrestrischen Böden auftritt, ist zunächst zu klären, in welche Bodenabteilung die Ockererde eingeordnet werden muss. Unterscheidungskriterium ist dabei der Einfluss des Wassers. Semiterrestrische Böden weisen ganzjährigen Grundwassereinfluss auf. Da Ockererden jedoch kein Grundwasser, sondern Hangzugwasser beziehen und damit keinen Gr – Horizont aufweisen ist die Einordnung

---

[6] Vgl. Scheffer et al., Lehrbuch der Bodenkunde, 16. Aufl., Heidelberg 2010, S.283.

als Boden mit Grundwassereinfluss nicht zweckmäßig. Dieser Argumentation folgend sind Ockererden in die Bodenabteilung der terrestrischen Böden einzuordnen.[7]

Des Weiteren sind die Ockererden von Stagno- und Pseudogleyen abzugrenzen mit denen sie stofflich vergesellschaftet sind. Die Notwendigkeit einer Unterscheidung der genannten Bodentypen wird durch einen Vergleich der Reaktionsfähigkeit deutlich. Dieser Vergleich wird anhand der Eh-Werte vorgenommen. Der Eh-Wert eines Bodens gibt sein Redoxpotential an, das heißt je größer der Eh-Wert ist, desto oxidativer ist ein Boden. Diese stärkere Reaktionsfreudigkeit ist auf den niedrigeren Wasserspiegel im Vergleich zu Pseudogleyen zurückzuführen (Vgl. Abb. 1). Durch einen niedrigeren Wasserspiegel sind weniger Poren mit Wasser gefüllt, wodurch mehr Porenraum für Bodenluft zur Verfügung steht. Diese höhere Sauerstoffkonzentration bewirkt eine höhere Oxidationsfähigkeit. Somit ist in Ockererden ein höherer Eh-Wert als in Pseudo- oder Stagnogleyen festzustellen, wodurch eine Zuordnung der Ockererden als Hanggleyen, wie dies bisher vorgenommen wurde, problematisch erscheint.[8] Dieser Argumentation folgend wird eine Abgrenzung innerhalb der Bodensystematik gerechtfertigt.

Eine weitere Abgrenzung der Ockererde muss gegenüber der Lockererde, einem anderen Subtypen der Braunerden, vorgenommen werden. Ockererde weißt weitgehend stoffliche Übereinstimmung mit Lockerbraunerde auf. Beiden Bodentypen sind locker gelagert, dies wird in Anbetracht ihrer Lagerungsdichten deutlich. Außerdem besitzen sie Überschneidungen hinsichtlich der Eisenanreicherung, des Redoxpotentials und Bodenfarbe. Jedoch ist die laterale Stoffzufuhr, welche Elemente aus höheren reduktiven Böden ausspült und durch den Hangfluss des Wassers in niederere Lagen transportiert, ausschließlich für Ockererde nachzuweisen.[9]

---

[7] Vgl. Deutsche Bodenkundliche Gesellschaft: Deutsche Bodensystematik
<http://www.bodensystematik.de/index.html?par_ctd=42&par_url=http://www.bodensystematik.de/bodensystematik.html> am 30.05.2012
[8] Vgl. Fiedler, Ockererden, S. 509f..
[9] Vgl. ebd..

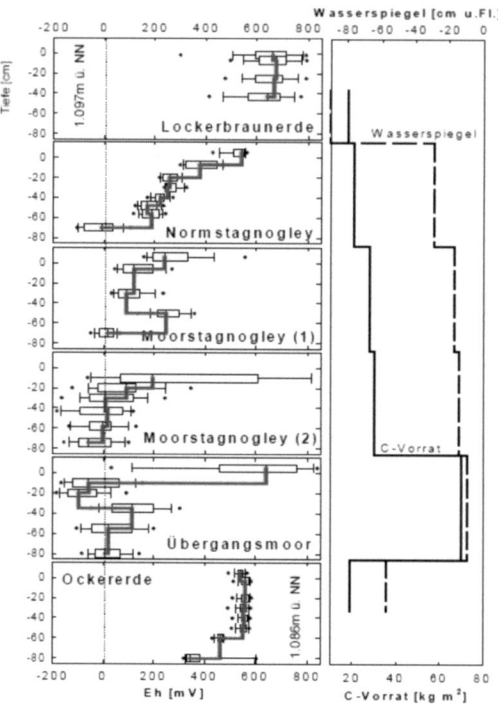

(Abbildung 1: Eh-Häufigkeitverteilung, mittlerer Wasserspiegel, durchschnittliche C-Vorräte, Quelle: Entnommen aus Fiedler, Sabine et al., Stofftransport in einer Kleinlandschaft des Mittleren Schwarzwalds: (I) Der Einfluss geochemischer Barrieren, in: Mitteilung Bodenkundliche Gesellschaft 96: S. 179.180.)

3.2. Bodenhorizonte

Im Folgenden werden die Ergebnisse der Betrachtung der bodenbildenden Prozesse in einer Bodenhorizontabfolge zusammengefasst. Aufgrund der bereits erläuterten Prozesse Verbraunung und Verlehmung ist der B Horizont als verbraunt zu kennzeichnen. Da sich die absolute Elementeanreicherung aus anderen Böden durch Wasserfluss nachweisen lässt erscheint es sinnvoll eine weitere Spezifizierung dieses Bv Horizontes vorzunehmen. Dieser Bóv Horizont soll die folgenden Eigenschaften besitzen: verbraunt, sekundär mit Eisen angereichert, Farbe im nassen Zustand nach Munsell 7,5 YR und röter und eine

Lagerungsdichte von 1,1 kg dm^{-3}. Des Weiteren muss ein Stauwasserprofil unterhalb von 40 cm Bodentiefe erkennbar sein. Daher ist die Kennzeichnung eines S – Horizontes notwendig.[10]

Ol – Oh	
Ah	
Bóv	
Sw	
Sd	

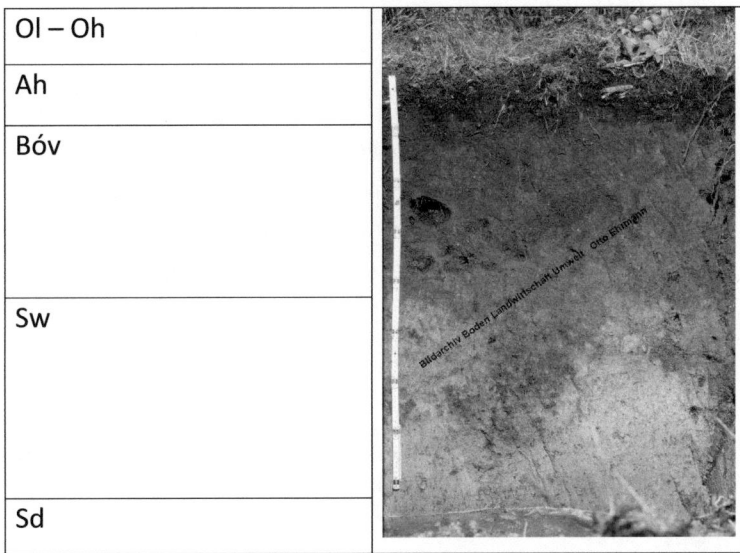

(Abbildung 2: Ockererde bei Calmbach, Entnommen aus: <http://www.bildarchiv-boden.de/profile/pg/Ockererde-Calmbach.jpg> am 30.05.2012.)

4. Fallbeispiel – Ockererde als Stoffbarriere einer mitteldeutschen Kleinlandschaft

In diesem Fallbeispiel werden die erworbenen Erkenntnisse zur allgemeinen Klassifikation und den bodenbildenden Prozessen, welche in Ockererden vorherrschen, angewendet. Dazu werden die maßgeblichen Eigenschaften mit dem in einer bodenkundlichen Exkursion aufgenommenen Daten eines Bodenprofils verglichen und damit belegt, dass es sich bei dem Bodenprofil um Ockererde handelt.

Das Untersuchungsgebiet der durchgeführten Bodenuntersuchung lag südöstlich von Kahla in einem Waldgebiet zwischen Lichtenau und Wolfersdorf (50° 55,311 N, 11° 42,229 O) auf Ausgangsgesteinen des mittleren und unteren Bundsandsteins.[11] Dabei wurden drei Bodenprofile untersucht. Das höchstgelegene Profil wurde als

---

[10] Vgl. Fiedler, Böden, Renningen 2001, S. 170-172.
[11] Michalzik, Beate, Bodenkundliche Geländeübung – Kartieranleitung.

podsolisierte Braunerde und das mittlere als Podsol-Pseudogleye bestimmt, sodass laut der allgemeinen Lagekriterien der Ockererde ein Ockererdevorkommen unterhalb dieser Bodenprofile liegen sollte. Daher wurde ein drittes Bodenprofil unterhalb der Podsol-Pseudogleye protokolliert.

Dieses Bodenprofil ist an einem nach Süd-Süd-Ost ausgerichtetem Hang vorzufinden, welcher eine schwache Hangneigung von etwa 8% aufweist und somit als flacher Mittelhang bezeichnet werden kann. Kiefern- und Fichtenforst sind als vorrangige Vegetationsformen festzustellen, dies lässt auf saure Böden schließen. Dies wird in Anbetracht der vorgefundenen schlängeligen Drahtschmiele bestätigt, da diese als Säurezeiger bekannt ist.

Die aufgenommenen Daten des Bodenprofils werden nun vorgestellt und analysiert.

Tiefe (cm)	Bodenart	Farbe (Munsell)	Humusgehalt	Gefüge	Lagerungs- dichte	Konkretion	Skelett	Durchwurzelung	ph- Wert
0-12	LS4	10YR 2/3	H4	Kohärent	LD2		1%	Wf5	4,4
12-39	TS4	10YR 4/6	H1	Kohärent	LD3		2%	Wf3	4,7
39-68	SL4	10YR 4/3	H1	Kit	LD3-4	Rostfleckung	5-10%	Wf2	4,8
68-82	SLU	7,5YR 4/2	H1	Kit	LD4	Rostfleckung	10-15%	Wf1	5,0
83+	SLU	10YR 4/2	H1	Kit	LD4-5	Mangankonkr.	30%	Wf0	5,5

Im Folgenden werden die allgemeinen Charakteristika der Ockererde mit den Daten des Bodenprofils verglichen.

Zunächst ist aber festzustellen, dass die Lage dieses Profils, das heißt eine leicht abschüssige Hanglange in kühl humiden Mittelgebirgen unterhalb von Braunerden, mit den allgemeinen Lagenbedingungen der Ockererde übereinstimmt. Des Weiteren sind für Ockererden die Prozesse der Redoximorphie bzw. die Umwandlung reduzierten mobilen Eisens in oxidiertes immobiles Eisen maßgeblich. Dieses oxidierte Eisen bewirkt durch seine Oxidationsformen Hämatit und Goethit eine gelblich bis rote Färbung. Dies lässt sich in diesem Bodenprofil durch die Bodenfarbe nach Munsell 10YR nachweisen, da Y für eine gelbliche und R für eine rötliche Färbung steht. Außerdem ist der niedrige PH-Wert von 4,7 – 4,8 im oberen Unterboden kennzeichnend für den Prozess der Redoximorphie da durch die Eisenoxidation Wasserstoffionen freigesetzt werden und so den PH-Wert in den sauren Bereich absenken. Die Ursache dieser Oxidationsfreudigkeit ist mit Hilfe der gesammelten Daten belegbar. Durch die mittlere Lagerungsdichte LD3 bis LD4, den geringen Humusgehalt H1 und das fehlende Grundwasser bietet der Boden genügend Porenraum für Sauerstoff, welcher zur Oxidation des Eisens benötigt wird. Durch diesen Sauerstoffüberschuss wirkt der Boden immobilisierend und damit als Stoffbarriere. Da jedoch keine oder nur kurzweilig reduktive Bedingungen in tieferen Bodenlagen nachweisbar sind und somit der Boden kaum eigenes zweiwertiges Eisen anreichert, ist die Herkunft des reduzierten mobilen Eisens in höheren Lagen zu suchen. Die höher gelegene Pseudogleye dient somit als Lieferant der Elemente, welche ausgespült und dann mittels des Wasserflusses hangabwärts transportiert werden. Damit lässt sich die laterale Stoffzufuhr für dieses Bodenprofil eindeutig nachweisen.

Der zweite pedogenetische Prozess der Ockererde ist die Verbraunung bzw. Verlehmung. Diese sind für dieses Profil eindeutig nachzuweisen. Verbraunung erfolgt besonders stark im sauren Milieu, welches durch den PH-Wert von 4,7-4,8 gegeben ist. In Folge der Verbraunung entsteht durch Verwitterung von eisenhaltigen Silikaten Goethit, welches den Boden gelblich braun färbt. Diese gelbbraune Färbung kann durch die Bodenfarbe nach Munsell mit 10YR 4/6 und 10YR 4/3 nachgewiesen werden.

Zusammengefasst können die Bodenhorizonte von 12-68 cm als Bóv Horizonte beschrieben werden, da die Eigenschaften Verbraunung, sekundäre Anreicherung mit Eisen, Farbgebung von 7,5YR und röter erfüllt sind. Von den allgemeinen Eigenschaften dieses Horizontes weicht ausschließlich die Lagerungsdichte geringfügig ab.

Die Horizonte unterhalb von 40 cm liegen aufgrund der Rostfleckung bis hin zu Mangankonkretion im Staunässebereich, wodurch ein S − Profil erkennbar wird. Ein weiterer Beleg für die nach unten hin zunehmende Staunässeprägung ist die sich in den gräulichen Bereich verändernde Farbgebung hin zu Chromawerten nach Munsell von zwei.

Aufgrund der Analyse der Daten des Bodenprofils können die Bodenhorizonte wie folgt eingeteilt werden.

Tiefe (cm)	Bodenart	Farbe (Munsell)	Humus-gehalt	Gefüge	Lagerungs-dichte	Konkretion	Skelett	Durchwur-zelung	PH-Wert	Boden-horizont
0-12	LS4	10YR 2/3	H4	Kohärent	LD2		1%	Wf5	4,4	Ah
12-39	TS4	10YR 4/6	H1	Kohärent	LD3		2%	Wf3	4,7	Bóv
39-68	SL4	10YR 4/3	H1	Kit	LD3-4	Eisen	5-10%	Wf2	4,8	Bóv/ Sw
68-82	SLU	7,5YR 4/2	H1	Kit	LD4	Eisen	10-15%	Wf1	5,0	Sw
83+	SLU	10YR 4/2	H1	Kit	LD4-5	Manga.	30%	Wf0	5,5	Sd

Abschließend lässt sich somit feststellen, dass das Bodenprofil der durchgeführten bodenkundliche Untersuchung im Waldgebiet südöstlich von Kahla als Ockererde klassifiziert werden muss und sich so als Stoffbarriere in die Catena der untersuchten mitteldeutschen Kleinlandschaft eingliedert.

5. Literaturverzeichnis

AG Bodenkunde, Bodenkundliche Kartieranleitung, 5. Aufl., Stuttgart 2005.

Fiedler, Hans-Joachim, Böden und Bodenfunktionen, Renningen 2001.

Fiedler, Sabine et al., Stofftransport in einer Kleinlandschaft des Mittleren
Schwarzwalds: (I) Der Einfluss geochemischer Barrieren, in: Mitteilung
Bodenkundliche Gesellschaft 96.

Jahn, Reinhold, Fiedller, Sabine, Zur systematischen Einordnung und Abgrenzung von
„Ockererden", in: Mitteilung Deutsche Bodenkundliche Gesellschaft 96.

Scheffer et al., Lehrbuch der Bodenkunde, 16. Aufl., Heidelberg 2010.